PECES
espeluznantes pero geniales

Julie K. Lundgren
Traducción de Sophia Barba-Heredia

Un libro de El Semillero de Crabtree

CRABTREE
Publishing Company
www.crabtreebooks.com

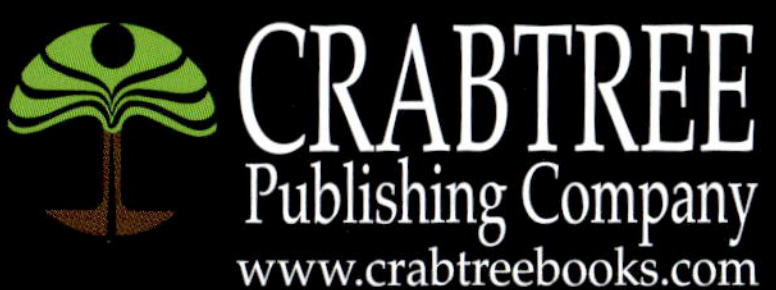

ÍNDICE

VIVIR EN EL AGUA

Los peces vienen en muchas formas, colores y tallas. Tienen espina dorsal, **branquias**, aletas y son **ectotermos**. Conforme la temperatura del agua sube y baja, sus cuerpos se calientan o enfrían para adaptarse.

¿ESPELUZNANTE O GENIAL?

El opah, un pez de agua profunda, es el único pez de sangre caliente.

El tiburón ballena es el pez más grande del océano. Puede crecer hasta 40 pies (12 metros) o más.

Los peces tienen adaptaciones, ya sean partes especiales del cuerpo o acciones que les ayudan a sobrevivir.

El cuerpo de torpedo de las barracudas y sus dientes afilados como navajas los convierten en cazadores rápidos y eficientes.

¿ESPELUZNANTE O GENIAL?

El pez saltarín del fango tiene partes especiales del cuerpo que les permiten vivir en la tierra. Para respirar llenan las cavidades de sus branquias con agua. Usan sus aletas para arrastrarse. También usan sus bocas como palas para escarbar húmedos agujeros y esconderse en ellos.

Los peces viven en **hábitats** de agua dulce y salada. Estos hábitats pueden ser fríos o calientes, oscuros o luminosos, profundos o poco profundos.

Los peces catán, una especie de pez de río, pueden crecer hasta 10 pies (3 metros) de largo. Tienen un hocico en forma de cocodrilo e hileras de filosos dientes.

La morena verde se esconde silenciosamente en arrecifes de coral, esperando a su **presa**.

Los peces se defienden de ataques a través de acciones.

Los peces pueden encontrar seguridad y mayor éxito al cazar en grupos grandes llamados bancos.

El pez globo toma agua para hinchar su cuerpo como un globo, haciéndose difíciles de tragar.

Otros peces se defienden a través de adaptaciones especiales del cuerpo.

Cuando lo atacan, el mixinos produce una gruesa y resbalosa baba para escapar.

Los colores brillantes le recuerdan a los ***depredadores*** *que no deben comerse al pez león colorado.*

BUSCADORES DE COMIDA

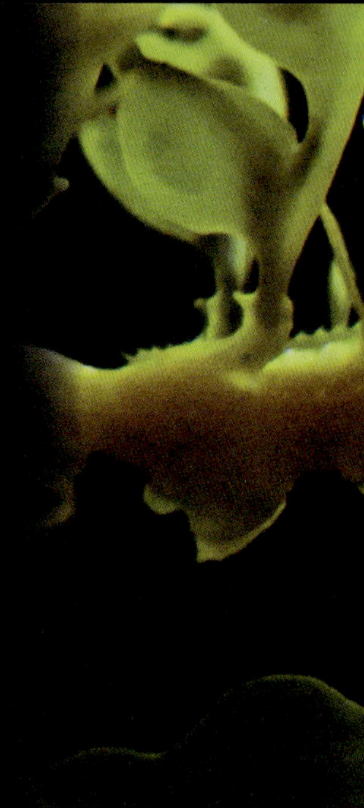

Los peces deben comer y evitar ser comidos. Algunos usan el **camuflaje** para esconderse de los depredadores o las presas.

El pez sapo puede cambiar su color para combinar con su ambiente.

El dragón de mar foliáceo se balancea entre el pasto marino.

Los peces tienen partes especiales del cuerpo para capturar su comida favorita.

El pez gato tiene gruesos y esponjosos bigotes cubiertos de papilas gustativas para encontrar alimento en aguas oscuras.

¿ESPELUZNANTE O GENIAL?

Las lampresas marinas tienen bocas con hileras circulares de dientes, que usan para adherirse a otros peces. Así, succionan la sangre y los jugos del pez.

Los peces **carnívoros** encuentran y capturan presas. Pueden ayudarse de dientes afilados, señuelos brillantes e inclusive de descargas eléctricas.

¿ESPELUZNANTE O GENIAL?

La anguila eléctrica da descargas eléctricas a su presa hasta matarla. ¡Ugh!

El pejesapo rayado está cubierto de espinas que parecen pelo. Atraen a sus presas ondeando una parte especial de su cuerpo que parece gusano.

Los carroneros comen animales muertos y moribundos, y otros bocados que flotan o nadan por ahí.

Las rémoras nadan junto a los tiburones y otros peces largos para comer sus sobras.

El bacalao pone entre 60 000 y 500 000 huevos a la vez.

ALEVINES, POR FAVOR

Los peces hembra ponen huevos y los machos los fertilizan. Los huevos pueden eclosionar en días o meses, dependiendo del tipo de pez.

Los peces pequeños, llamados alevines, se convierten en adultos. Un pez es un adulto cuando se puede **reproducir**. Solo algunos huevos sobrevivirán para convertirse en peces adultos.

Huevos y alevines son una sabrosa comida para los pájaros y otros peces.

branquias: Parte especial del cuerpo de peces y anfibios que los ayuda a respirar bajo el agua.

camuflaje: Colores o patrones que se combinan con el entorno para ayudar a los animales a esconderse.

carnívoros: Animales que comen a otros animales.

depredadores: Animales que cazan y comen a otros animales.

ectotermos: Animales cuya temperatura corporal cambia con el ambiente.

hábitats: Lugares donde los animales viven por naturaleza.

presa: Animales cazados por otros animales para alimentarse.

reproducir: Hacer más de algo.

ÍNDICE ANALÍTICO

Apoyos de la escuela a los hogares para cuidadores y maestros

Este libro ayuda a los niños en su desarrollo al permitirles practicar la lectura. Abajo están algunas preguntas guía para ayudar al lector a fortalecer sus habilidades de comprensión. En rojo hay algunas opciones de respuesta.

Antes de leer:

- **¿De qué pienso que tratará este libro?** *Pienso que este libro es sobre peces escalofriantes y geniales. Pienso que este libro es sobre dónde viven diferentes peces.*
- **¿Qué quiero aprender sobre este tema?** *Quiero aprender cómo respiran los peces bajo el agua. Quiero aprender si el pez puede ver en las partes más oscuras del océano.*

Durante la lectura:

- **Me pregunto por qué...** *Me pregunto por qué los peces tienen tantas formas diferentes. Me pregunto por qué hay peces venenosos y dónde viven.*
- **¿Qué he aprendido hasta ahora?** *Aprendí que el tiburón ballena es el pez más grande del océano, puede crecer hasta 40 pies (12 metros). Aprendí que las anguilas eléctricas dan descargas a sus presas hasta matarlas.*

Después de leer:

- **¿Qué detalles aprendí de este tema?** *Aprendí que los peces viven en hábitats de agua dulce y agua salada. Aprendí que el pez globo toma agua para hinchar su cuerpo como un globo, haciendo difícil que otros peces más grandes lo traguen.*
- **Lee el libro de nuevo y busca las palabras del glosario.** *Veo la palabra* ***branquias*** *en la página 4 y la palabra* ***ectotermos*** *también en la página 4. Las demás palabras del vocabulario están en la página 23.*

Library and Archives Canada Cataloguing in Publication
Title: Peces / Julie K. Lundgren ; traducción de Sophia Barba-Heredia.
Other titles: Fish. Spanish
Names: Lundgren, Julie K., author. | Barba-Heredia, Sophia, translator.
Description: Series statement: Espeluznantes pero geniales | Translation of: Fish. | Includes index. | "Un libro de el semillero de Crabtree". | Text in Spanish.
Identifiers: Canadiana (print) 20210257431 | Canadiana (ebook) 2021025744X | ISBN 978103961861 (hardcover) | ISBN 9781039618732 (softcover) | ISBN 9781039618855 (HTML) | ISBN 9781039618978 (EPUB) | ISBN 9781039619098 (read-along ebook)
Subjects: LCSH: Fishes—Juvenile literature.
Classification: LCC QL617.2 .L8618 2022 | DDC j597—dc23

Library of Congress Cataloging-in-Publication Data
Names: Lundgren, Julie K., author.
Title: Peces / Julie K. Lundgren ; traducción de Sophia Barba-Heredia.
Other titles: Fish. Spanish
Description: New York : Crabtree Publishing, 2022. | Series: Espeluznantes pero geniales - un libro el semillero de Crabtree | Includes index.
Identifiers: LCCN 2021031656 (print) | LCCN 2021031657 (ebook) | ISBN 9781039618619 (hardcover) | ISBN 9781039618732 (paperback) | ISBN 9781039618855 (ebook) | ISBN 9781039618978 (epub) | ISBN 9781039619098
Subjects: LCSH: Fishes--Juvenile literature.
Classification: LCC QL617.2 .L8818 2022 (print) | LCC QL617.2 (ebook) | DDC 597--dc23
LC record available at https://lccn.loc.gov/2021031656
LC ebook record available at https://lccn.loc.gov/2021031657

Crabtree Publishing Company
www.crabtreebooks.com 1–800–387–7650

Published in the United States
Crabtree Publishing
347 Fifth Ave.
Suite 1402-145
New York, NY 10016

Published in Canada
Crabtree Publishing
616 Welland Ave.
St. Catharines, Ontario
L2M 5V6

Written by Julie K. Lundgren
Translation to Spanish: Sophia Barba-Heredia
Spanish-language layout and proofread: Base Tres
Print coordinator: Katherine Berti
Printed in the U.S.A./092021/CG20210616

Print book version produced jointly with Blue Door Education in 2022

Photo credits: Cover ©Kletr; Pages 4-5 © VisionDive; Page 5 © NOAA Fisheries; pages 6-7 ©Rich Carey, page 7 inset photo © twospeeds; Pages 8-9 ©Andrea Izzotti, page 9 inset photo ©Miguel Aleixo; Page 10 ©Leonardo Gonzalez, Page 11 ©Moize nicolas; page 12 ©NOAA photo library https://creativecommons.org/licenses/by/2.0/, page 13 ©Gilmanshin; pages 14-15 © Kris Wiktor, page 14 inset photo Joe Quinn; pages 16-17 © Kletr, page 17 inset photo © Drow_male https://creativecommons.org/licenses/by-sa/3.0/deed.en; pages 18-19 © Tamil Selvam, page 18 inset photo ©Steven G. Johnson https://creativecommons.org/licenses/by-sa/3.0/deed.en; page 20 ©VisionDive, page 21 © NatureDiver; page 22 ©Kletr, All photos from Shutterstock.com unless otherwise stated.